BEI GRIN MACHT SICH IHR WISSEN BEZAHLT

- Wir veröffentlichen Ihre Hausarbeit,
  Bachelor- und Masterarbeit

- Ihr eigenes eBook und Buch -
  weltweit in allen wichtigen Shops

- Verdienen Sie an jedem Verkauf

Jetzt bei www.GRIN.com hochladen
und kostenlos publizieren

Bibliografische Information der Deutschen Nationalbibliothek:

Die Deutsche Bibliothek verzeichnet diese Publikation in der Deutschen National-
bibliografie; detaillierte bibliografische Daten sind im Internet über http://dnb.d-
nb.de/ abrufbar.

Dieses Werk sowie alle darin enthaltenen einzelnen Beiträge und Abbildungen
sind urheberrechtlich geschützt. Jede Verwertung, die nicht ausdrücklich vom
Urheberrechtsschutz zugelassen ist, bedarf der vorherigen Zustimmung des Verla-
ges. Das gilt insbesondere für Vervielfältigungen, Bearbeitungen, Übersetzungen,
Mikroverfilmungen, Auswertungen durch Datenbanken und für die Einspeicherung
und Verarbeitung in elektronische Systeme. Alle Rechte, auch die des auszugsweisen
Nachdrucks, der fotomechanischen Wiedergabe (einschließlich Mikrokopie) sowie
der Auswertung durch Datenbanken oder ähnliche Einrichtungen, vorbehalten.

Impressum:

Copyright © 2016 GRIN Verlag, Open Publishing GmbH
Druck und Bindung: Books on Demand GmbH, Norderstedt Germany
ISBN: 9783668569461

Dieses Buch bei GRIN:

http://www.grin.com/de/e-book/380394/einfluss-von-ernaehrung-und-bewegung-
auf-typ-2-diabetes-bei-kindern-und

Carla Rekkab

Einfluss von Ernährung und Bewegung auf Typ-2-Diabetes bei Kindern und Jugendlichen

Narrativer Review

GRIN Verlag

GRIN - Your knowledge has value

Der GRIN Verlag publiziert seit 1998 wissenschaftliche Arbeiten von Studenten, Hochschullehrern und anderen Akademikern als eBook und gedrucktes Buch. Die Verlagswebsite www.grin.com ist die ideale Plattform zur Veröffentlichung von Hausarbeiten, Abschlussarbeiten, wissenschaftlichen Aufsätzen, Dissertationen und Fachbüchern.

Besuchen Sie uns im Internet:

http://www.grin.com/

http://www.facebook.com/grincom

http://www.twitter.com/grin_com

Deutsche Hochschule für

Prävention und Gesundheitsmanagement

Hermann Neuberger Sportschule 3

66123 Saarbrücken

Bachelor-Thesis

zur Erlangung des Grades

Bachelor of Arts

Titel der Abschlussarbeit:

> *Einfluss von Ernährung und Bewegung auf Typ-2-Diabetes bei Kindern und Jugend-lichen – Narrativer Review* <

Studiengang: BA Ernährungsberatung

eingereicht von

Name, Vorname: Rekkab, Carla

Ort und Tag der Einreichung: Saarbrücken,   29. April.2016

Inhaltsverzeichnis

1 Einleitung und Problemstellung

Die Prävalenz des Diabetes mellitus ist in den letzten Jahren weltweit drastisch angestiegen. Im Jahr 2010 waren geschätzt 285 Millionen Menschen im Alter von 20 – 79 Jahren von der Krankheit betroffen. Davon hatten etwa 90% einen Typ-2-Diabetes (Chen, Magliano & Zimmet, 2012). In der Ausgabe des International Diabetes Federation (IDF) - Atlas 2013 wird die Prävalenz des Diabetes mellitus in Deutschland mit 7,6 Millionen (inklusive einer Dunkelziffer von 2 Millionen) Menschen angegeben (Aguiree et al, 2013). Damit zählt Deutschland zu den 10 Ländern mit der höchsten absoluten Anzahl an Menschen mit Diabetes mellitus (Aguiree et al, 2013; Tamayo et al., 2014). Auch hierzulande beträgt der Anteil der Typ-2-Diabetiker etwa 95% (Tamayo et al., 2014).

Der Typ-2-Diabetes wird synonym als sogenannter „Altersdiabetes" bezeichnet, da er vermehrt im Alter auftritt. Allerdings wird in den letzten Jahrzehnten eine Zunahme des Typ-2-Diabetes auch bei Kindern und Jugendlichen beobachtet. Populationsbasierte Schätzungen des Typ-2-Diabetes bei Kindern und Jugendlichen im Jahr 2002 in Deutschland ergaben eine Inzidenz von 1,57 pro 100.000 (Rosenbauer, Icks, Prel & Giani, 2003). Untersuchungen in Baden-Württemberg aus dem Jahr 2004 zeigten, dass der Typ-2-Diabetes in Deutschland bei 0-20-jährigen mit einer Prävalenz von 2,3 pro 100.000 auftritt (Neu, Feldhahn, Ehehalt, Hub & Ranke, 2005). Ebenfalls werden ein deutlicher Anstieg von Übergewicht und Adipositas im Kindes- und Jugendalter verzeichnet (Kurth & Rosario, 2007), welche die Hauptrisikofaktoren bei der Entstehung des Typ-2-Diabetes darstellen (Kim, Lee & Hwang, 2013). Analog ist anzunehmen, dass korrelierend auch die Inzidenz des Typ-2-Diabetes in den entsprechenden Altersklassen gestiegen ist. Dies lässt sich zurückführen auf einen zunehmenden Bewegungsmangel und auf eine vermehrte Fehlernährung im Kindesalter (Fernandes & Zanesco, 2015; Zandian et al., 2015).

Epidemiologische Studien haben gezeigt, dass einem manifesten Typ-2-Diabetes wahrscheinlich eine lange Phase mit gestörter Glukosetoleranz vorausgeht (Biesalski, Grimm & Nowitzki-Grimm, 2015, S. 378). Entsprechend ist bekannt, dass ein frühzeitig einsetzender Typ-2-Diabetes mit einem vermehrten Auftreten von Komorbiditäten verbunden ist, welches in der Summe in einer verringerten Lebenserwartung sowie einer frühzeitigen Arbeitsunfähigkeit resultiert (Estrada et al., 2014; Seshasai et al., 2011). In der Zusammenschau ist es somit insbesondere im Kindes- und Jugendalter wichtig, entsprechende Risikofaktoren zu erkennen um im Alter die Folgen des Typ-2-Diabetes effektiv zu verhindern.

2 Zielsetzung

Diese Abschlussarbeit soll erörtern, welchen Einfluss Ernährung und Bewegung im Kindes- und Jugendalter bei der Entstehung und auch bei der Verhinderung eines Typ-2-Diabetes haben. Ebenso soll anhand einer ausführlichen, wissenschaftlichen Literaturrecherche herausgearbeitet werden, welche Präventionsprogramme es gibt und welchen Einfluss diese auf die Reduktion des Typ-2-Diabetes haben.

3 Gegenwärtiger Kenntnisstand

3.1 Definition Diabetes mellitus und Abgrenzung der verschiedenen Typen

„Diabetes mellitus ist eine Gruppe heterogener Erkrankungen mit dem gemeinsamen Merkmal der chronischen Hyperglykämie. Ursächlich ist entweder eine Störung der Insulinsekretion, der Insulinwirkung oder eine Kombination dieser beiden" (Herold, 2013, S. 717).

Es wird dabei insbesondere zwischen Typ-1-Diabetes und Typ-2-Diabetes unterschieden. Neben diesen gibt es weitere Formen, die allerdings nur ca. 1% der Diabetiker aufweisen. Auf diese wird im Weiteren nicht näher eingegangen. Bei dem Typ-1-Diabetes handelt es sich im Grunde genommen um eine autoimmun bedingte Form mit absolutem Insulinmangel. Somit kommt es durch Antikörper zu einer Destruktion der β-Zellen in der Bauchspeicheldrüse, die für die Produktion von Insulin verantwortlich ist. Neben der autoimmunen Form gibt es ebenso eine idiopathische Form bei der es ohne Nachweis von Autoantikörpern zu einer Zerstörung der β-Zellen des Pankreas kommt (Herold, 2013, S. 717; Baenkler et al., 2010, S. 314). Der Typ-1-Diabetes manifestiert sich häufig schon im Jugendalter, kann jedoch auch als ein sogenannter LADA (latent autoimmune diabetes in adults) erst im Erwachsenenalter auftreten (Herold, 2013, S. 717-719). Dem Typ-2-Diabetes liegt eine Insulinresistenz der insulinabhängigen peripheren Zellen (z.B. Skelettmuskulatur) zugrunde. Somit kann anfangs im Gegensatz zum Typ-1-Diabtes noch Insulin gebildet werden. Bedingt durch diese Resistenz entsteht kompensatorisch eine Hyperinsulinämie. Die Produktion des Insulins erschöpft sich jedoch mit der Zeit und es kommt zu einem progredienten Versagen der β-Zellen im Pankreas durch Apoptose und es entsteht ein sogenannter sekundären Insulinmangel (Joost, 2010, S. 512-513; Herold, 2013, S. 717-718).

3.2 Pathogenese des Typ-2-Diabetes

Insulin sorgt unter anderem für die Aufnahme von Glukose in das Zellinnere der insulinabhängigen Zellen und ist mit seinem Gegenspieler - dem Glukagon - verantwortlich für einen gleichbleibenden Blutzuckerspiegel (siehe Tabelle 1). Dabei wirkt es am GLUT-4-Transporter der Muskulatur und des Fettgewebes und sorgt darüber für den transzellulären Transport der Glukose ins Zellinnere (Königshoff & Brandenburger, 2004, S. 221).

Ein klinisch manifester Diabetes wird diagnostiziert, wenn ein Nüchtern-Blutglukosespiegel von 126 mg/dl nach 6 Stunden Nahrungskarenz vorliegt oder der Blutglukosespiegel 200 mg/dl 2 Stunden nach einem sogenannten Glukosebelastungstest überschreitet (Joost, 2010, S. 512).

Tab. 1: Diagnostische Richtwerte zur Feststellung eines Diabetes mellitus laut der American Diabetes Association und Leitlinie der Deutschen Diabetes Gesellschaft (ADA & DDG; zitiert nach Herold, 2013, S. 724)

Stadium	Nüchtern-Plasma-Glukose venös	Gelegenheits-blutzucker	Oraler Glukose-Toleranz-Test (OGTT)
Diabetes	≥ 126 mg/dl (≥ 7,0 mmol/l)	≥ 200 mg/dl (≥ 11,1 mmol/l) und Symptome eines Diabetes	2 h-Wert ≥ 200 mg/dl (≥ 11,1 mmol/l)
Abnorme Nüchtern-Glukose	100 – 125 mg/dl (5,6 – 6,9 mmol/l)		Gestörte Glukosetoleranz 2 h-Wert 140 – 199 mg/dl (7,8 – 11,0 mmol/l)
Normal	< 100 mg/dl (< 5,6 mmol/l)		2 h-Wert < 140 mg/dl (< 7,8 mmol/l)

Für die Entstehung des Typ-2-Diabetes ist insbesondere die Insulinresistenz der insulin-abhängigen Zellen verantwortlich. Diese Insulinresistenz entsteht durch Adipositas, bei der es zu einer Vermehrung des viszeralen Fettes kommt. Vermehrte Einlagerungen von Lipiden in die Langerhans-Zellen im Pankreas führen zu einer Funktionseinschränkung der Insulin produzierenden β-Zellen. Es wird dabei von einer Lipotoxizität gesprochen (siehe Abbildung 1) (Joost, 2010, S. 513).

Es wird diskutiert, dass ein erhöhtes viszerales Fett eine Erhöhung der Akuten-Phase-Proteine, wie zum Beispiel dem C-reaktiven Protein (CRP), bedingt. Dieses ist ein La-borparameter, welcher z.B. bei einer akuten Entzündung von der Leber ausgeschüttet wird. Es wird argumentiert, dass ein erhöhtes viszerales Fett ebenfalls zu solch einer Entzündung führt und damit die Insulinresistenz begünstigt (Kriketos et al., 2004).

Parallel bedingen hohe Glukosespiegel eine Hyperinsulinämie. Diese führt dazu, dass die Sensibilität sowie auch die Dichte der Insulinrezeptoren vermindert wird. Man spricht dabei von einer sogenannten „Downregulation" und die Insulinresistenz ver-stärkt sich (Herold, 2013, S. 719).

Der Diabetes mellitus wird dann manifest, wenn die Schädigung der β-Zellen soweit fortgeschritten ist, dass die Insulinresistenz nicht mehr suffizient kompensiert werden kann (Joost, 2010, S. 513).

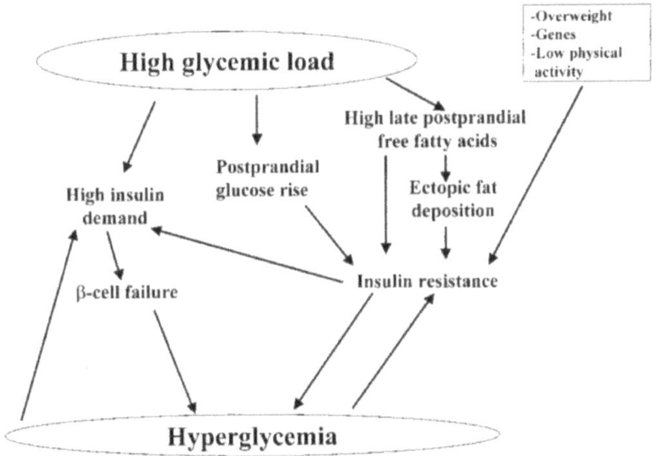

Abb. 1: Arbeitshypothese potentieller Mechanismen, wie sich aus einer Hyperglykämie ein Typ-2-Diabetes entwickelt (Riccardi, Rivellese & Giacco, 2008, S. 271)

3.3 Prävalenz des Typ-2-Diabetes weltweit bei Kindern und Jugendlichen

3.3.1 Übersicht über die Prävalenz des Typ-2-Diabetes weltweit

Fazeli Farsani, van der Aa, van der Vorst, Knibbe und de Boer (2013) zeigen in ihrem Review über 37 Studien, dass die Prävalenz abhängig von den Ländern, der ethnischen Herkunft und vom Alter stark variiert. Insbesondere Entwicklungsländer sind aufgrund des Mangels an epidemiologischen Studien kaum vertreten. Die Abbildung 2 von Fazeli Farsani et al. (2013 S. 1485) gibt eine Übersicht über die Prävalenz in verschiedenen Ländern.

3.3.2 Prävalenz des Typ-2-Diabetes in den USA

In den USA wird die Prävalenz des Typ-2-Diabetes bei den 10-19-jährigen Jugendlichen mit einer Rate von 22 auf 100.000 Jugendliche angegeben. Es zeigte sich dabei innerhalb dieser Studie eine erhöhte Prävalenz für ethnische jugendliche Minderheiten von 0,42 auf 1.000 (Liese et al., 2006). Im Rahmen der US SEARCH-Studie wurde ebenfalls eine Prävalenz von 8,1 auf 100.000 bei den 10-14-jährigen sowie 11,8 auf 100.000 bei den 15-19-jährigen Jugendlichen festgestellt (Dabelea et al., 2007). Insgesamt ergibt sich hierbei eine Gesamtprävalenz von 19,9 auf 100.000 bei den 10-19-jährigen. Auch in dieser Studie zeigte sich eine stark erhöhte Prävalenz für ethnische Minderheiten in den USA (Dabelea et al., 2007). Eine der höchsten Prävalenzen weltweit wurde bei Kindern und Jugendlichen im Alter von 0 - 19 Jahren der in den USA lebenden Pima-Indianer festgestellt. Hier lag sie bei 3.800 von 100.000 (Pavkov et al., 2007).

3.3.3 Prävalenz des Typ-2-Diabetes im Vereinigten Königreich

Im Vereinigten Königreich wurde 1998 eine Prävalenz des Typ-2-Diabetes bei Kindern und Jugendlichen im Alter von 0-18 Jahren von 0,2 auf 100.000 festgestellt. In derselben longitudinalen Studie stieg die Prävalenz bis zum Jahr 2005 auf 5 von 100.000 an (Hsia et al., 2009). In Leeds wurde sogar eine Prävalenz von 9 auf 100.000 Kinder und Jugendliche im Jahr 2000 festgestellt (Feltbower, McKinney, Campbell, Stephenson & Bodansky, 2003). Entsprechend der Abbildung 2 von Fazeli Farsani et al. (2013, S. 1485) stellt das Vereinigte Königreich damit eines der europäischen Länder mit der höchsten Prävalenz des Typ-2-Diabetes in den entsprechenden Altersklassen dar.

3.3.4 Prävalenz des Typ-2 Diabetes in Deutschland

Wie bereits in der Einleitung erwähnt, zeigen populationsbasierte Schätzungen des Typ-2-Diabetes bei Kindern und Jugendlichen im Jahr 2002 in Deutschland eine Prävalenz von 1,57 pro 100.000 (Rosenbauer, Icks, Prel & Giani, 2003). Untersuchungen in Baden-Württemberg aus dem Jahr 2004 zeigten, dass der Typ-2-Diabetes in Deutschland bei 0-20-jährigen mit einer Prävalenz von 2,3 pro 100.000 auftritt (Neu, Feldhahn, Ehehalt, Hub & Ranke, 2005).

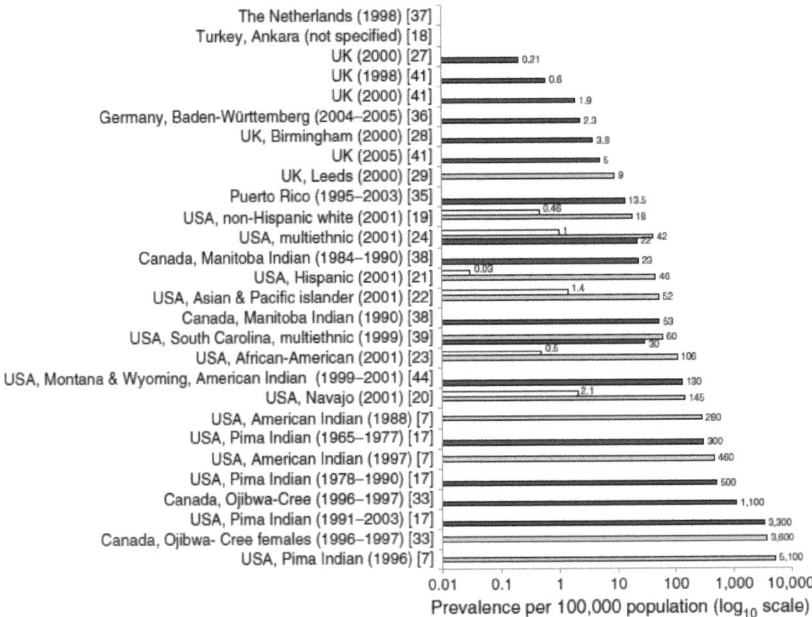

Abb. 2:   Überblick über die berichtete Prävalenz von Typ-2 Diabetes pro 100.000 Kinder und/oder Jugendliche (wegen der erheblichen Schwankungen in den beobachteten Raten sind die Prävalenzdaten auf Basis einer logarithmischen Skala dargestellt). Die Prävalenzraten wurden für die männliche und weibliche Population berechnet, mit Ausnahme der Prävalenzrate der OJIBWA-Cree Frauen. Die weißen Balken repräsentieren Kinder (0-9 Jahre), graue Balken repräsentieren Jugendliche (10-19 Jahre) und schwarze Balken repräsentieren Kinder und Jugendliche (0-19 Jahre) (Fazeli Farsani, van der Aa, van der Vorst, Knibbe & de Boer, 2013, S. 1485)

3.4 Risikofaktoren für die Entstehung des Typ-2-Diabetes bei Kindern und Jugendlichen

Laut dem Deutschen Zentrum für Diabetesforschung (2016) stellen insbesondere Übergewicht und Bewegungsmangel die Hauptrisikofaktoren zur Entwicklung eines Typ-2-Diabetes im Kindes- und Jugendalter dar. Als wesentliche Risikofaktoren dafür sieht Wabitsch (2004) eine familiäre Belastung (adipöse und übergewichtige Eltern), ethnische Zugehörigkeit, soziokulturelle Faktoren und den sozialen Status.

Es weisen nach einer Analyse aus den USA 81% der Amerikaner mit einem Body Mass Index (BMI) > 25 einen Typ-2-Diabetes auf (Gregg, Cheng, Narayan, Thompson & Williamson, 2007). Eine Adipositas ist dabei entsprechend der World Health Organisation (2000) als eine über das normale Maß hinausgehende Körperfettvermehrung definiert. Die Grenze zwischen Übergewicht und Adipositas wird dabei anhand des BMI bestimmt. Entsprechend der Tabelle 2 wird ein BMI $\geq$ 30 als Adipositas eingestuft. Der BMI wird mittels folgender Formel berechnet:

kg (Körpergewicht) / m^2 (Körpergröße)

Tab. 2:   Klassifikation BMI nach der World Health Organisation (WHO, 2000)

Kategorie	BMI (kg/m^2)
Untergewicht	< 18,5
Normalgewicht	18,5 – 24,9
Übergewicht	25,0 – 29,9
Adipositas Grad I	30,0 – 34,9
Adipositas Grad II	35,0 – 39,9
Adipositas Grad III	> 40

Da sich Kinder im Wachstum befinden, werden sie von Geburt an bis zu einem Alter von 19 Jahren bezüglich ihres Gewichts mittels Somatogramm geschlechtsspezifisch beurteilt. Es handelt sich dabei um altersgemittelte Normwerte. Entsprechend den Abbildungen 3 und 4 bedeutet für Kinder ein Gewicht, das sich um mehr als eine Standardabweichung vom Normalgewicht in der entsprechenden Altersklasse unterscheidet, ein BMI von $\geq$ 25. Bei einem Gewicht höher als 2 Standardabweichungen handelt es sich entsprechend um einen BMI $\geq$ 30 (Gruber & Gruber, 2010, S. 10; World Health Organisation, 2016a).

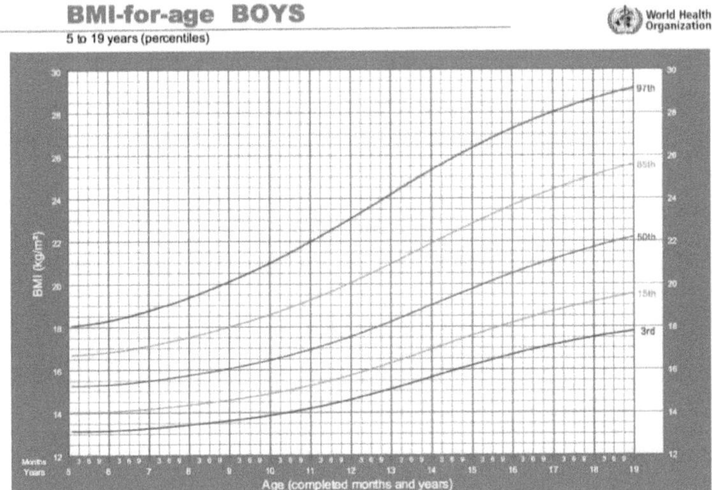

Abb. 3:   BMI bezogen auf das Alter (Jungen) - 5 bis 19 Jahren (Perzentile) (World Health Organisation, 2016b)

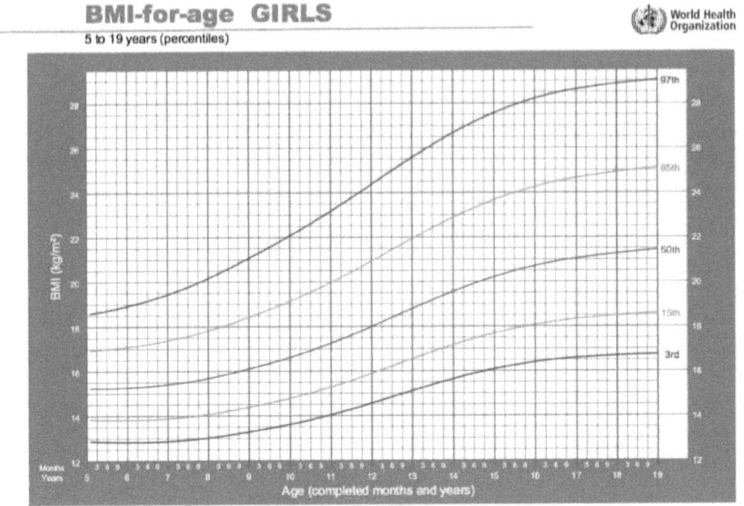

Abb. 4:   BMI bezogen auf das Alter (Mädchen) - 5 bis 19 Jahre (Perzentile) (World Health Organisation, 2016c)

Zur Ermittlung des Risikos, einen Typ-2-Diabetes zu entwickeln fließen jedoch noch weitere Faktoren in einen sogenannten Diabetes-Risiko-Score ein. Dort werden zusätzlich zunehmendes Alter, Bauchumfang als Äquivalenz zum viszeralen Fett, Hypertonie, Verzehr von rotem Fleisch und Rauchen als hochsignifikante Risikofaktoren berücksichtigt (siehe Tabelle 3). Eine protektive Wirkung zeigen hingegen beispielsweise Sport und Verzehr von Vollkornprodukten (Joost, 2010, S. 514-515).

Tab. 3: Beitrag der einzelnen Risikofaktoren für Typ-2-Diabetes zum Gesamtrisiko (Joost, 2010, S. 514)

Risikofaktor	Relatives Risiko	p-Wert	Punkte im Risiko-Score
Bauchumfang (cm)	1,076	<0,0001	7,4
Größe (cm)	0,976	<0,0001	- 2,4
Alter (Jahre)	1,044	<0,0001	4,3
Hypertonie (Selbstangabe)	1,587	<0,0001	46
Verzehr von rotem Fleisch (150g/Tag)	1,639	0,0008	49
Verzehr von Vollkornbrot (50 g/Tag)	0,918	0,0193	- 9
Kaffee (150 g/Tag)	0,958	0,0142	- 4
Moderater Alkoholkonsum (zwischen 10 und 40 g/Tag)	0,821	0,0104	- 20
Sport, Fahrrad fahren, Gartenarbeit (Std./Woche)	0,984	0,0060	- 2
Exraucher	1,267	0,0016	24
Raucher (≥ 20 Zigaretten/Tag)	1,901	<0,0001	64

Errechnet als unabhängiger Beitrag nach dem Proportional Hazard Model von Cox. Die Daten wurden aus der EPIC-Potsdam-Studie durch Vergleich von 849 inzidenten Diabetesfällen in der gesamten Kohorte gewonnen. Relative Risiken > 1 und positive Score-Punkte stehen für Risikoerhöhung, < 1 und negative Score-Punkte für Risikoerniedrigung, in den nächsten 5 Jahren an Typ-2-Diabetes zu erkranken.

Hinzu kommt, dass Jugendliche insbesondere in der Pubertät gefährdet sind einen Typ-2-Diabetes zu entwickeln. Es wurde nachweislich herausgefunden, dass es in dieser sensiblen Phase zu einer vermehrten Insulinresistenz kommt (Arslanian, 2000). Es wird diskutiert, dass die erhöhte Konzentration von Wachstumshormonen die Ursache dafür ist (Pinhas-Hamiel, Lerner-Geva, Copperman & Jacobson, 2007).

Des Weiteren wird eine erbliche Komponente diskutiert. Nachweislich besteht bei Kindern, bei dem ein Elternteil an einem Typ-2-Diabetes erkrankt ist, ein Risiko von 50% später ebenfalls an einem Typ-2-Diabetes zu erkranken (Herold, 2013, S. 719).

3.5 Mögliche Komorbiditäten des Typ-2-Diabetes

Bedingt durch den Mangel an Insulin ergeben sich dauerhaft erhöhte Glukosespiegel. Diese bedingen eine nichtenzymatische Glykosilierung von Proteinen in der Basalmembran der Blutgefäße. Dabei ist die kapilläre Basalmembran entsprechend der Dauer des Diabetes verdickt. Die Folge ist eine Mikro- und Makroangiopathie mit entsprechendem Endorganschaden (Herold, 2013, S. 720).

So kommt es im Rahmen der Makroangiopathie durch die Verdickung der Gefäßwände zu Arteriosklerose (siehe Abbildung 5) und somit vermehrt zu koronarer Herzkrankheit und Mykoardinfarkten sowie zu einer peripheren arteriellen Verschlusskrankheit mit diabetischem Fußsyndrom. Bei letzterem kommt es bedingt durch Mikrozirkulationsstörungen zusätzlich zum Absterben der peripheren Extremitäten (siehe Abbildung 6). Eine ebenfalls durch Mikrozirkulationstörung bedingte Polyneuropathie mit Schädigung der peripheren Nerven trägt zu diesem Phänomen bei. Entsprechend sind Amputationen bei schlecht eingestellten Diabetikern häufig (Herold, 2013, S. 720-724; Baenkler et al., 2010, S. 320-323).

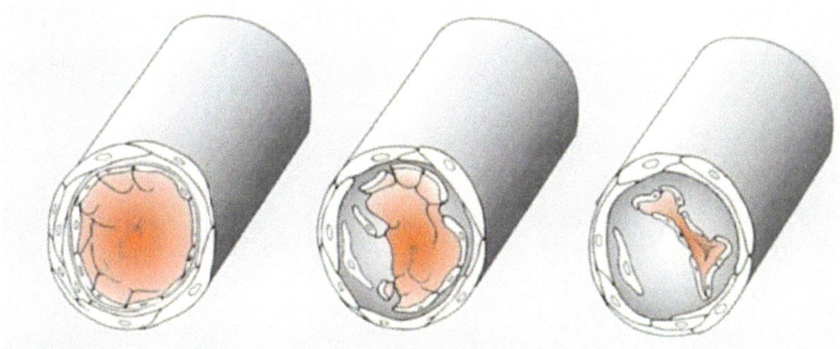

Abb. 5:   Entwicklung der Arteriosklerose. Das Gefäß wird zunehmend durch die Einlagerung von Fett, Wasser und Eiweiß in die Gefäßwand eingeengt, bis kaum noch Blut durchfließen kann (Rost, 2005, S. 143)

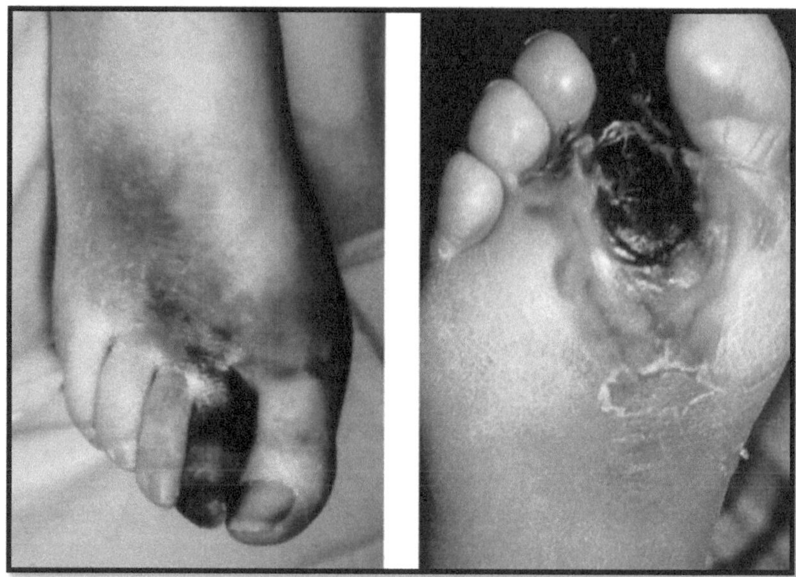

Abb. 6:   Diabetischer Fuß - Absterben der peripheren Extremitäten (Scobie, 2007, S. 96)

Eine typische Folge der Mikroangiopathie ist die diabetische Retinopathie. Dabei werden in Folge der Verdickung der Kapillaren und somit schlechteren Sauerstoffversorgung in der Netzhaut Wachstumsfaktoren ausgeschüttet, die zu einer Gefäßneubildung führen. Diese neu gebildeten Gefäße sind fragil und weisen Mikroaneurysmen und Kaliberschwankungen auf und neigen zu intraretinalen Einblutungen (siehe Abbildung 7). Dabei kommt es unwiderruflich zu Schäden an der Netzhaut. Etwa 25% aller Typ-2-Diabetiker erkranken an dieser innerhalb von 15 Jahren. Diabetes generell ist die häufigste Ursache für Erblindung im Erwachsenenalter und macht ca. 30% aller Erblindungen in Europa aus (Herold, 2013, S. 721; Baenkler et al., 2010, S. 320-323).

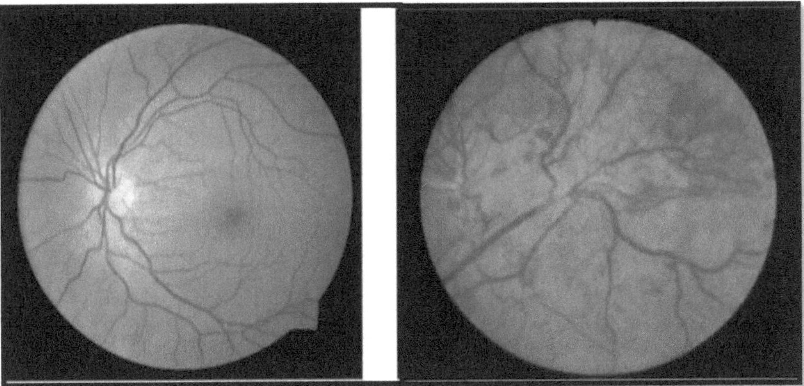

Abb. 7: Links: normaler Augenhintergrund; Rechts: fortgeschrittene Diabetische Retinopathie mit intraretinalen Blutungen (Scobie, 2007, S. 80)

Eine weitere häufige Folge der Mikroangiopathie ist eine diabetische Nephropathie. Dabei kommt es beim Typ-2-Diabetes zu einem Anstieg des Risikos, diese zu entwickeln um 2,5% pro Jahr. Somit hat ein Typ-2-Diabetiker ein Risiko von 25% nach 10 Jahren, an einer diabetischen Nephropathie zu erkranken. Der Blutmarker für die Nierenfunktion ist das Kreatinin. Ist dieses dauerhaft erhöht, besteht ein Letalitätsrisiko von 20% pro Jahr, an der Nephropathie zu versterben (Herold, 2013, S. 720).

Bis die Komorbiditäten in vollem Ausmaß präsent sind vergehen viele Jahre. Allerdings bedeutet dies, dass insbesondere Kinder und Jugendliche mit einem Typ-2-Diabetes ein erhöhtes Risiko besitzen, frühzeitig im Leben daran zu erkranken.

4 Methodik

Zur Erstellung dieser Bachelorarbeit erfolgte im Februar 2016, nach der Festlegung des Ziels, eine wissenschaftliche Literaturrecherche in verschiedenen Online-Bibliotheken und Suchmaschinen. Ebenso wurden Fachbücher sowie Leitlinien, Konsensuspapier und Webseiten von Fachgesellschaften verwendet (siehe Tabelle 4).

Folgende Datenbanken wurden benutzt:

Tab. 4:   Datenbanken (eigene Darstellung)

Online Bibliotheken	**Springer Link:** http://link.springer.com/search?date-facet-mode=between&facet-end-year=2015&previous-end-year=2015&facet-start-year=2011&showAll=false&facet-discipline=%22Medicine%22&previous-start-year=1832
Suchmaschinen	**PubMed**: http://www.ncbi.nlm.nih.gov/pubmed **Google Scholar:** https://scholar.google.de
Leitlinien	**Nationale VersorgungsLeitlinie Therapie des Typ-2-Diabetes** http://www.deutsche-diabetes-gesellschaft.de/fileadmin/Redakteur/Leitlinien/Evidenzbasierte_Leitlinien/dm-therapie-1aufl-vers4-kurz.pdf **Diagnostik, Therapie und Verlaufskontrolle des Diabestes mellitus im Kindes und Jugendalter** http://www.deutsche-diabetes-gesellschaft.de/fileadmin/Redakteur/Leitlinien/Evidenzbasierte_Leitlinien/EBL_Kindesalter_2010.pdf
Konsensuspapier	**Konsensuspapier - Patientenschulungsprogramme für Kinder und Jugendliche mit Adipositas** http://www.aga.adipositas-gesellschaft.de/fileadmin/PDF/daten/Konsensuspapier_Patientenschulung.pdf
Fachbücher	Biesalski, H.-K., Bischoff, S.-C. & Puchstein, C. (Hrsg.). (2010). *Ernährungsmedizin. Nach dem neuen Curriculum Ernährungsmedizin der Bundesärztekammer* (4., vollständig überarbeitete u. erweiterte Aufl.). Stuttgart: Thieme Biesalski, H., Grimm, P. & Nowitzki-Grimm, S. (2015). *Taschenatlas Ernährung* (6. überarbeitete Aufl.). Stuttgart: Thieme Gruber, C. & Gruber, S. (2010). *Pädiatrie. Basics* (2. Aufl.). München: Urban & Fischer. Herold, G. (Hrsg.). (2013). *Innere Medizin*. Köln: Hrsg. Klinke, R. & Silbernagel, S. (Hrsg.). (2003). *Lehrbuch der Physiologie* (4., korrigierte Aufl.). Stuttgart: Thieme Königshoff, M. & Brandenburger, T. (2004). *Kurzlehrbuch Biochemie*. Stuttgart: Thieme
Webseiten von Fachgesellschaften	Deutsche Diabetes Gesellschaft: http://www.deutsche-diabetes-gesellschaft.de/home.html Deutsches Zentrum für Diabetesforschung: https://www.dzd-ev.de World Health Organisation: http://www.who.int/en/

Auswahlkriterien bei der Studiensuche:

- Aktuelle Studienergebnisse oder Meilensteinstudien
- Volltext Studien / Kostenlos (Free full text)
- Studien in Deutsch und Englisch
- Suchbegriffe sind in der Überschrift enthalten
- Nach Relevanz sortiert
- Keine Tierstudien
- Möglichst große Kollektive
- Reviews
- Verwendung von Booleschen Operatoren (benannt nach George Boole) UND/AND, ODER/OR, NICHT/NOT

Für die beispielhafte Darstellung der Literatursuche wurde das Kapitel 5 „Ergebnisse" gewählt (siehe Tabellen 5 bis 8). Grundsätzlich wurden immer verschiedene Medien und Datenbanken bei der Literatursuche verwendet. Bei Pubmed und Google Scholar wurden Boolesche Operatoren benutzt, um die Suche einzugrenzen. Ebenso wurden Filter eingesetzt, um präzisere Ergebnisse zu erhalten.

Beispiel Kapitel 5 „Ergebnisse"

Zum Kapitel 5.1 „Ausgewählte Einflussfaktoren auf die Entstehung des Typ-2-Diabetes"

Tab. 5: Kapitel 5.1.1. Pubertät und Insulinresistenz (eigene Darstellung)

Studie	Datenbank	Stichwörter	Filter	Ergebnisse
Lipid and insulin levels in obese children: changes with age and puberty	PubMed	obese children AND puberty AND insulin	Free full text / 10 years / humans / english	76 Ergebnisse
Clinical presentation of type 2 diabetes mellitus in children and adolescents	Google Scholar	children AND adolescents AND type 2 diabetes mellitus	nach Relevanz sortieren / Stichwörter im Titel des Artikels	136 Ergebnisse

Tab. 6:   Kapitel 5.1.2. Vererbung und Genetik (eigene Darstellung)

Studie	Datenbank	Stichwörter	Filter	Ergebnisse
Genetics of Type 2 Diabetes—Pitfalls and Possibilities	Google Scholar	Genetics AND type 2 diabetes	Stichwörter im Titel des Artikels / seit 2013 - 2016	30 Ergebnisse

Tab. 7:   Kapitel 5.1.3. Adipositas und Insulinresistenz (eigene Darstellung)

Studie	Datenbank	Stichwörter	Filter	Ergebnisse
Abdominal obesity and low physical activity are associated with insulin resistance in overweight adolescents: a cross-sectional study	PubMed	Insulin AND physical activity AND adolescent	Free full text / 5 years / humans / english	165 Ergebnisse

Tab. 8:   Kapitel 5.1.4. Ernährung (eigene Darstellung)

Studie	Datenbank	Stichwörter	Filter	Ergebnisse
Self-reported dietary intake of youth with recent onset of type 2 diabetes: results from the TODAY study	PubMed	diet AND type 2 diabetes AND adolescent AND overweight	Free full text / 5 years / humans / english	58 Ergebnisse
Excessive refined carbohydrates and scarce micronutrients intakes increase inflammatory mediators and insulin resistance in prepubertal /pubertal obese children independently of obesity	PubMed	diet AND adiponectin AND adolescent AND overweight	Free full text / 5 years / humans / english	18 Ergebnisse

5 Ergebnisse

5.1 Ausgewählte Einflussfaktoren auf die Entstehung des Typ-2-Diabetes

5.1.1 Pubertät und Insulinresistenz

Pinhas-Hamiel et al. (2007) untersuchte 181 adipöse Kinder und Jugendliche in einem Alter von 5-17 mit einem BMI > der 95. Perzentile. Dabei fand er heraus, dass insbesondere die Kinder in der Pubertät (>12 Jahre) eine signifikant höhere Insulinresistenz mit einer Hyperinsulinämie aufweisen und somit ein vermehrtes Risiko besitzen, an einem Typ-2-Diabetes zu erkranken (Pinhas-Hamiel et al., 2007). In einer weiteren Studie von Reinehr (2005) konnte ebenfalls gezeigt werden, dass Kinder mit Übergewicht und einem Alter > 10 Jahren ein erhöhtes Risiko für einen Typ-2-Diabetes besitzen. Insbesondere in der Mitte bis zum Ende der Pubertät kommt es dabei zur Manifestation des Typ-2-Diabetes. Des Weiteren fand er heraus, dass Kinder von Eltern mit einem Typ-2-Diabetes ein erhöhtes Risiko besitzen, ebenfalls an diesem zu erkranken (Reinehr, 2005).

5.1.2 Vererbung und Genetik

In einer großangelegten longitudinalen Studie aus den USA von Meigs, Cupples und Wilson (2000), wurden die Kinder von Eltern mit Typ-2-Diabetes 20 Jahre nachverfolgt. Im Vergleich zu den Nachkommen mit Eltern ohne Typ-2-Diabtes in der beobachteten Population zeigte sich, dass das Risiko 3,5-fach höher war wenn ein Elternteil betroffen war und 6-fach höher wenn beide Elternteile an einem Typ-2-Diabetes erkrankt waren (Meigs, Cupples & Wilson, 2000).

Die hereditäre Vererbung des Typ-2-Diabetes konnte ebenfalls in Zwillingsstudien nachgewiesen werden. Dabei untersuchten Medici, Hawa, Ianari und Leslie (1999) 44 eineiige Zwillingsgeschwister 15 Jahre lang, bei denen der jeweils andere Zwilling an einem Typ-2-Diabetes erkrankt war. Sie beobachteten dabei, dass nach 15 Jahren 96% der Zwillingsgeschwister ebenfalls an einem Typ-2-Diabetes erkrankt waren (Medici, Hawa, Ianari, Pyke & Leslie, 1999).

In einem Review von Prasad und Groop (2015) wurde untersucht, inwieweit das bereits sequenzierte Genom die hereditäre Vererbung des Typ-2-Diabetes erklärt. Die Untersuchung ergab, dass viele Genomvariationen bereits gefunden wurden, die mit dem Typ-2-Diabetes assoziiert sind, der Mechanismus der Vererbung jedoch zum aktuellen Zeitpunkt weitgehend unbekannt ist. Ein Erklärungsversuch könnte sein, dass die einfache Unterteilung in den Typ-1-Diabetes und Typ-2-Diabetes nicht ausreichend die Komplexität und Variabilität der Erkrankung erfasst und weitere Subtypen in Zukunft definiert werden müssen (Prasad & Groop, 2015).

5.1.3 Adipositas und Insulinresistenz

Wie schon eingangs erwähnt, stellt insbesondere die stammbetonte Adipositas eines der Hauptrisikofaktoren zur Entstehung eines Typ-2-Diabetes dar. Generell wird ein Anstieg dieses Risikofaktors bei Kindern und Jugendlichen weltweit verzeichnet.

In einer groß angelegten Studie von Ng et al. (2014), bei der die Entwicklung der Prävalenz von Übergewicht und Adipositas weltweit in 183 Ländern untersucht wurde, wurde in den Jahren von 1980-2013 in den Altersklassen von 2-19 Jahren ein Anstieg von 8,1% auf 12,9% bei Jungen und 8,4% auf 13,4% bei Mädchen in Entwicklungsländern sowie in den Industrieländern ein Anstieg von 16,9% auf 22,8% bei Jungen und 16,2 auf 22,6% bei Mädchen festgestellt. Es zeigt sich, dass die Adipositas in den letzten 3 Jahrzehnten signifikant zugenommen hat. Innerhalb der Studie konnte kein Land gefunden werden, in welchem es zu einer Verminderung des Übergewichts kam (Ng et al., 2014).

Jedoch wird nicht der BMI allein als Risikofaktor für eine Insulinresistenz und damit für die Entwicklung eines Typ-2-Diabetes verantwortlich gemacht. In einer Studie aus Kolumbien von Velásquez-Rodríguez, Velásquez-Villa, Gómez-Ocampo und Bermúdez-Cardona (2014) wurde eine Gruppe von 120 Jugendlichen im Alter von 10 – 18 Jahren untersucht. Diese wurde in 3 Untergruppen unterteilt: eine mit Übergewicht und Insulinresistenz, eine nur mit Übergewicht und eine Gruppe von Jugendlichen, die normalgewichtig waren. Dabei stellte sich heraus, dass insbesondere in der übergewichtigen Gruppe mit Insulinresistenz der Bauchumfang und auch die subskapularen Fettfalten im Vergleich zu den anderen beiden Gruppen vermehrt waren. Es konnte nachgewiesen werden, dass das Ausmaß der Insulinresistenz direkt abhängig von den Oberkörperfettmassen ist (Velásquez-Rodríguez et al., 2014). Ähnliches konnte ebenfalls Taksali et al. (2008) in seiner Studie belegen. Dabei wurde bei 118 adipösen Jugendlichen mittels MRT die Verteilung des Körperfettes gemessen. Dabei zeigte sich, dass insbesondere das viszerale Körperfett mit dem Ausmaß der Insulinresistenz korreliert. Dabei waren nicht zwingend die Probanden mit dem höchsten BMI die mit der höchsten Insulinresistenz (Taksali et al., 2008).

Zu einem ähnlichen Ergebnis kamen Weiss et al. (2004) in ihrer Studie. Dabei wurden 439 adipöse, 31 übergewichtige und 20 normalgewichtige Kinder und Jugendliche unter anderem mit Hilfe eines Glukosetoleranztests untersucht. In dieser Studie zeigte sich, dass bei steigendem BMI die Insulinresistenz zunahm (Weiss et al., 2004).

5.1.4 Ernährung

Delahanty et al. (2013) untersuchten in einer Multi-Center-Studie 699 Kinder und Jugendliche mit einem nachgewiesenen Typ-2-Diabetes auf ihre Ernährungsgewohnheiten. Dabei fanden sie heraus, dass der Ernährungsplan der Probanden durchschnittlich 13-14% gesättigte Fettsäuren enthielt. Die American Diabetes Association (2000) empfiehlt hier einen Grenzwert von $\leq$ 7%. Nur 11% der Probanden verzehrten die empfohlene Menge an Früchten und nur 3% die empfohlene Menge an Gemüse (Delahanty et al., 2013). Somit kamen Delhanty et al. (2013) zu dem Schluss, dass Kinder und Jugendliche deutlich mehr gesättigte Fettsäuren zu sich nehmen und nur ein sehr geringer Teil ihrer Ernährung aus Obst und Gemüse besteht (Delahanty et al., 2013).

In einer Studie von López-Alarcón et al. (2014) wurde unter anderem der Effekt von gesättigten Fettsäuren, raffinierten Zuckern und Magnesium bei 229 Kinder und Jugendlichen im Alter von 10-18 Jahren und einem BMI >85. Perzentile in Mexico City untersucht. Dabei konnte eine hochsignifikante positive Korrelation in Bezug auf die Menge verzehrter raffinierter Zucker und einer erhöhten Insulinresistenz nachgewiesen werden (López-Alarcón et al., 2014). Ein Mechanismus, der dafür verantwortlich gemacht wird ist die De-novo-Lipogenese und die hierdurch bedingteVermehrung von viszeralem Fett. In Bezug auf Magnesium konnte hingegen ein protektiver Effekt durch eine Verminderung des CRPs und damit der systemischen Entzündung, welche im Rahmen des metabolischen Syndroms auftritt und eine Insulinresistenz begünstigt, nachgewiesen werden. Ebenfalls konnte eine umgekehrte Korrelation zwischen der Konzentration im Blut von Adiponectin und dem vermehrten Verzehr von gesättigten Fettsäuren nachgewiesen werden (López-Alarcón et al., 2014). López-Alarcón et al. (2014) argumentieren, dass dadurch ebenfalls eine Insulinresistenz begünstigt wird. Den reduzierenden Effekt von Magnesium auf das CRP konnten ebenfalls Song et al. (2005) in einer großangelegten Studie bei 11.686 Frauen im Alter von > 45 Jahren belegen. Der Verzehr von kurzkettigen Kohlenhydraten mit einem hohen glykämischen Index (GI) zeigte in experimentellen Studien nicht nur eine rasche und hohe Insulinsekretion, sondern auch eine prooxidative und proinflammatorische Wirkung (Riccardi, Rivellese & Giacco, 2008).

Eine besondere Bedeutung bei der Entstehung von Adipositas wird kurzkettigen Kohlenhydraten in den sogenannten gesüßten Getränken, zu denen z.B. Limonade aber auch Säfte gehören, zugerechnet. Dabei konnten Hu und Malik (2010) in einem Review zeigen, dass das Risiko einen Typ-2-Diabetes zu entwickeln mit der Anzahl der Softgetränke pro Woche signifikant steigt. Insgesamt zeigten sie ebenfalls, dass die Zunahme an Adipositas mit der Zunahme des Softgetränkekonsums korreliert und der Konsum in den letzten Jahren deutlich zugenommen hat (siehe Abbildung 8) (Hu & Malik, 2010).

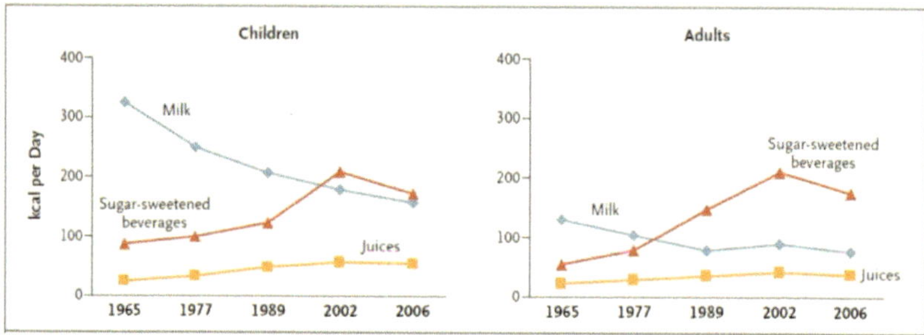

Abb. 8:   Trends in den USA der pro Kopf Kalorieneinnahme über Softgetränke bei Kindern und Erwachsenen (Hu & Malik, 2010, S. 17)

5.1.5 Bewegung

Wie unter 5.1.3. bereits beschrieben, steigt die Prävalenz von Adipositas bei Kindern und Jugendlichen weltweit. Als Ursache dafür geben Ianotti und Wang (2013) in ihrer Studie verminderte körperliche Aktivität und sitzende Tätigkeiten wie z.B. Fernsehen, sowie den Konsum von energiedichter Nahrung an. Hierfür untersuchten sie in einem Fragebogen an 230 Schulen in 39 Staaten der USA Kinder und Jugendliche in den Klassen 6-10 (Iannotti & Wang, 2013). Der Effekt von sitzenden Tätigkeiten bei 794.577 erwachsenen Probanden in 16 prospektiven Studien wurde ebenfalls durch Wilmot et al. (2012) in einer Metaanalyse untersucht. Definiert wurde als sitzende Tätigkeit dabei die Zeit, die vor dem Fernseher verbracht wurde. Es zeigte sich, dass Probanden mit einer längeren sitzenden Tätigkeit ein 112% größeres gepooltes Risiko besitzen, an einem Typ-2-Diabetes zu erkranken (Wilmot et al., 2012).

Lowry, Lee, Fulton, Demissie und Kann (2013) fanden heraus, dass eine positive Einstellung von Kindern und Jugendlichen gegenüber Sport einen positiven Effekt auf ihr Körpergewicht hat und sitzende Aktivitäten, wie das Fernsehen oder Computer spielen, reduziert werden. Ebenfalls stellte sich heraus, dass bei Kindern und Jugendlichen mit einer positiven Einstellung gegenüber sportlichen Aktivitäten meistens auch die Eltern ein großes Interesse an Sport haben. Im Gegensatz dazu waren Kinder und Jugendliche aufgrund von fehlendem Interesse an körperlicher Betätigung oder einer unsicheren Nachbarschaft trotz sportlichem Interesse signifikant häufiger adipös. Als Grundlage für ihre Studie diente die National Youth Physical Activity and Nutrition Study von 2010, bei der 11.429 Fragebögen von Kindern und Jugendlichen der 9. – 12. Klasse in den USA landesweit an verschieden Schulen erhoben wurden (Lowry, Lee, Fulton, Demissie & Kann, 2013).

5.2 Einfluss und Bedeutung von ausgewogener Ernährung und Bewegung zur Vermeidung eines Typ-2-Diabetes im Kindes- und Jugendalter

5.2.1 Bewegung

Um den präventiven und therapeutischen Effekt von Sport bei Kindern und Jugendlichen im Alter von 6-19 Jahren in Bezug auf die Verbesserung einer vorbestehenden Insulinresistenz, beziehungsweise in Bezug auf eine Hyperinsulinämie zu evaluieren, wurden von Fedewa, Gist, Evans und Dishman (2014) in einer großangelegten Metaanalyse 24 Studien miteinander verglichen. Dabei konnte eine moderate Verbesserung der Insulinresistenz durch sportliche Aktivitäten nachgewiesen werden. Insbesondere Partizipierende mit einem hohen BMI profitierten signifikant mehr von den körperlichen Aktivitäten. Allerdings merkten Fedewa, Gist, Evans und Dishman (2014) an, dass die Vergleichbarkeit der Studien nur bedingt möglich ist, da meist weder Angaben zur Art des Trainings noch zur Dauer der Trainingseinheiten gemacht wurden (Fedewa, Gist, Evans & Dishman, 2014). McCormack et al. (2014) untersuchten ebenfalls den Effekt von körperlicher Betätigung auf die Verbesserung der Insulinresistenz. In einem 8 Wochen langen Beobachtungszeitraum wurde bei 21 adipösen Kindern und Jugendlichen im Alter von 10-17 Jahren mit einem BMI $\geq$ der 95. Perzentile und einer nachgewiesenen Insulinresistenz eine Ernährungsumstellung durchgeführt. Bei 10 der 21 Probanden erfolgte zusätzlich ein betreutes Trainingsprogramm in ihrer häuslichen Umgebung. Es zeigte sich, dass am Ende des Beobachtungszeitraums 27% der Kinder allein durch die Ernährungsumstellung eine geringere Insulinresistenz aufwiesen. In der Gruppe mit dem Sportprogramm war der Effekt noch deutlicher, hier verbesserte sich bei 34% die Insulinresistenz signifikant. Es wird ein additiver Effekt von Sport und Ernährung diskutiert (McCormack et al., 2014).

5.2.2 Ernährung

In einer Studie von Cook et al. (2014) konnte der protektive Effekt von weniger stärke-haltigem Gemüse und vitaminreichem Gemüse mit grüner, dunkel oranger und gelber Farbe bezogen auf eine Insulinresistenz und ein vermehrtes viszerales Fett mit Leberverfettung belegt werden. Es wurden dazu 5 Studien mit 175 übergewichtigen Kindern und Jugendlichen mit lateinamerikanischem Hintergrund in Kalifornien, im Alter von 8-18 Jahren und einem BMI > der 85. Perzentile im Zeitraum von 2006 – 2011 verglichen. Die Ernährungsumstellung erfolgte entweder nur durch Informationsveranstaltungen oder durch ein betreutes Gewichtsreduktionsprogramm. Nach dem Beobachtungszeitraum zeigte sich eine signifikant positive Korrelation zwischen der Ernährung mit stärkereduziertem Gemüse und der Verminderung der Insulinresistenz. Ebenfalls zeigte sich ein gewisser Trend (p < 0,10) hinsichtlich einer Verminderung der Leberverfettung durch die vermehrte Aufnahme von entsprechendem Gemüse (Cook et al., 2014).

Der regelmäßige Konsum von zuckerhaltigen Getränken wird als Risikofaktor für die Entstehung eines Typ-2-Diabetes im Kindes- und Jugendalter diskutiert. Van de Gaar et al. (2014) zeigten in ihrer Studie, bei der in 6 Schulen Wasser kostenfrei angeboten und zusätzlich beworben wurde, dass sich im Vergleich zu 6 Kontrollschulen der Konsum von Softgetränken bei den 1.288 Kindern nach einem Jahr signifikant reduzierte. Ebenso konnten Daniels und Popkin (2010) zeigen, dass durch eine Reduktion der Süßgetränke die Gesamtkalorienzufuhr reduziert wird und damit auch eine Gewichtsreduktion erreicht werden kann. Ähnliches fanden auch de Ruyter, Olthof, Seidell und Katan (2012) heraus, als sie die Süßgetränke durch zuckerfreie Getränke substituierten. Dabei wurden in 18 Monaten 641 normalgewichtigen Kindern im Alter von 4 – 11 Jahren, randomisiert auf 2 Gruppen verteilt, 250 ml eines mit Süßstoff versetzten Getränkes oder eines zuckerhaltigen Getränkes verabreicht. Es zeigte sich, dass die Gruppe mit dem zuckerhaltigen Getränk ca. 1 Kilogramm an Gewicht in den 18 Monaten zunahm (de Ruyter, Olthof, Seidell & Katan, 2012).

5.3 Aktuelle Therapie- und Präventionsprogramme zum Typ-2-Diabetes im Kindes- und Jugendalter

Die leitlinienkonforme Behandlung des Typ-2-Diabetes entsprechend der Empfehlung von Haak und Kellerer (2010) bei Kindern und Jugendlichen gliedert sich entsprechend der Abbildung 9 in mehrere Stufen. Dabei wird als Referenz der HbA1c als Langzeitkontrolle für den Blutzuckerspiegel herangezogen. Der HbA1c entspricht dem Glykosylierungsgrad des Hämoglobins (Voigt, 2003, S. 490). Ziel ist es, den HbA1c initial durch eine Lebensstilmodifikation unter 7% bzw. die Nüchternglukose unter 126 g/dl zu senken. Sollte dieses Ziel innerhalb von 3 Monaten nicht erreicht werden, erfolgt eine Therapie mit Metformin, einem oralen Antidiabetikum. Dieses bewirkt eine Verminderung der Glukoseresorption im Darm, eine verbesserte Glukoseaufnahme in die Muskulatur und eine Verminderung der Glukoneogenese in der Leber sowie geringfügig eine Zügelung des Appetits (Herold, 2013, S. 727-728). Im Gegensatz zu anderen oralen Antidiabetika besitzt es den Vorteil, dass es keinen Einfluss auf die Sekretion von Insulin in der Bauchspeicheldrüse hat und somit keine lebensgefährlichen Hypoglykämien verursacht (Herold, 2013, S. 727-728). Die Therapie kann bei Bedarf entsprechend der Abbildung 9 nach weiteren 3 Monaten durch die zusätzliche Gabe von Insulin erweitert werden. Sollte der Therapieerfolg weiterhin ausbleiben, erfolgt nochmals nach 3 Monaten eine Intensivierung der Insulintherapie.

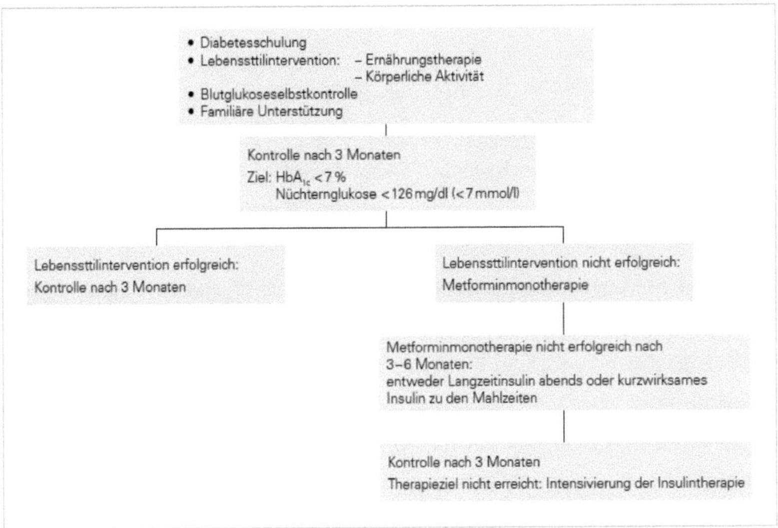

Abb. 9:   Behandlungsschema für Typ-2-Diabetes bei Kindern und Jugendlichen (Haak & Kellerer, 2010, S. 63)

Im Rahmen der Lebensstilintervention beschreibt die Leitlinie (Haak & Kellerer, 2010), dass es insbesondere wichtig ist die Familie in die Therapie mit einzubinden und die Kompetenz des Jugendlichen sowie der Familie in Bezug auf den Typ-2-Diabetes zu stärken. Das bedeutet, dass individuelle Therapieziele formuliert werden sollen im Sinne einer Verhaltensänderung mit Verminderung von risikoförderndem Verhalten, vermehrten sportlichen Aktivitäten und einer Reduktion von HbA1c sowie des Blutzuckers. So schlägt die Arbeitsgemeinschaft Adipositas im Kindes- und Jugendalter in der Leitlinie vor (Haak & Kellerer, 2010), dass eine solche Betreuung in strukturierten und bewährten Adipositasprogrammen erfolgen sollte. Jedoch wird angemerkt, dass eine langfristige Lebensstilmodifikation bei Kindern und Jugendlichen als „schwierig" eingeschätzt wird (Haak & Kellerer, 2010).

Entsprechend fanden Aziz, Absetz, Oldroyd, Pronk und Oldenburg (2015) in einem Review über 76 Studien zum Thema Präventionsprogramme des Typ-2-Diabetes bei Erwachsenen durch Ernährungsumstellung und Sport weltweit heraus, dass eine hohe Frequenz der Interventionen zu einer effektiven Gewichtsreduktion führt. Allerdings konnten sie ebenfalls zeigen, dass eine geringe Frequenz der Betreuung, jedoch durchgeführt über einen langen Zeitraum, zwar nur zu einer moderaten Gewichtsreduktion, jedoch zu einer starken Reduktion des Typ-2-Diabetes führte. Sie schlussfolgerten, dass selbst mit einer geringen Frequenz der Interventionen eine suffiziente Behandlung des Typ-2-Diabetes kosteneffizient möglich ist. (Aziz, Absetz, Oldroyd, Pronk & Oldenburg, 2015). Savoye et al. (2014) konnten dies ebenfalls in ihrer kontrollierten randomisierten Studie zur Untersuchung des Erfolgs von Präventionsprogrammen bei der Therapie eines Prädiabetes bestätigen. Dabei wurden 75 Kinder und Jugendliche im Alter von 10-16 Jahren mit einem auffälligen oralen Blutglukosetest, der sich nach 2 Stunden (2 Stunden OGTT) zwischen 130 – 199 m/dl befand, eingeschlossen und zufällig auf zwei Interventionsprogramme verteilt. Beim ersten Programm handelte es sich um das klinische Standard-Versorgungsprogramm (standard clinical care) in England, bei denen die Kinder in gesunder Ernährung und Sport auf informativer Basis instruiert und anschließend durch den Kinderarzt in einem Recall von 2-3 Monaten betreut wurden. Im Vergleich dazu erfolgte in dem sogenannten Bright Bodies (BB) Healthy Lifestyle-Programm eine intensivere Betreuung, bei der die Kinder 6 Monate lang 2-mal pro Woche ein 50-minütiges Trainingsprogramm absolvierten, sowie einmal pro Woche eine 40-minütige Instruktion zu gesunder Lebensweise erhielten. Im Ergebnis zeigte die Gruppe im BB-Programm eine signifikant höhere Reduktion der 2 Stunden-OGTT von 27,2 mg/dl im Vergleich zu 10,1 mg/dl bei der ersten Gruppe (Savoye et al., 2014). Dem BB-Konzept ähnliche Programme gibt es auch in Deutschland. Ein Beispiel dafür ist das Kids Schulungsprogramm (siehe Abbildung 10), welches sich am Konsensuspapier, vorgelegt von der Arbeitsgruppe „Präventive und therapeutische Maßnahmen für übergewichtige Kinder und Jugendliche - eine Konsensfindung" unter der Moderation des Bundesministeriums für Gesundheit und Soziale Sicherung, orientiert (Böhler, Wabitsch & Winkler, 2004). Einschlusskriterien für dieses Programm sind unter anderem übergewichtige Kinder mit einem BMI zwischen 90. und 97. Perzentile mit behandlungsbedürftiger Krankheit wie zum Beispiel dem Diabetes-Typ-2.

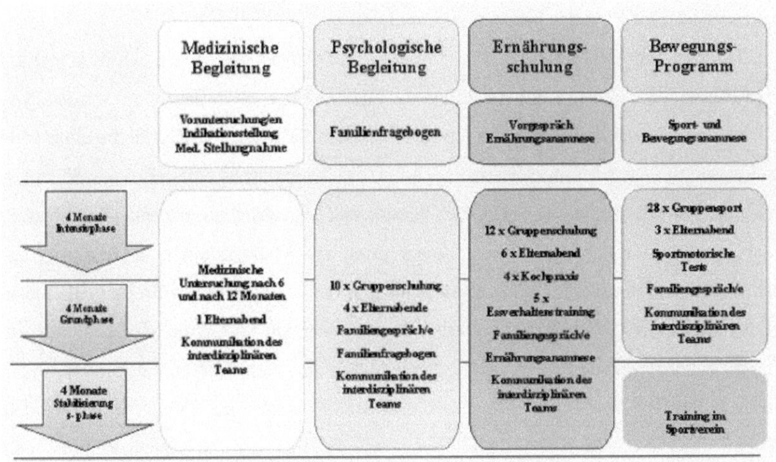

Abb. 10: Programmaufbau (Kids Schulungsprogramm für übergewichtige Kinder und Jugendliche,2002)

Neben diesen scheint insbesondere die Schule einen präventiven Einfluss auf die Entstehung von Adipositas und damit auch den Typ-2-Diabetes zu haben. Baranowski et al. (2014) fanden in ihrem Review heraus, dass der BMI bei übergewichtigen Kindern über die Sommerferien anstieg. Im Gegensatz dazu waren die normalgewichtigen Kinder davon nicht betroffen. Er schloss daraus, dass Schulsport ein maßgeblicher Faktor zur Verminderung der Adipositas bei Kindern darstellt und Schulen somit eine entscheidende Rolle bei der Prävention zukommt (Baranowski et al., 2014).

Kontrovers dazu zeigen einige Studien nur einen geringen Erfolg von alleiniger Lebensstilintervention bei der Therapie des Typ-2-Diabetes (TODAY Study Group, 2012; Copeland et al., 2013; Haak & Kellerer, 2010). Aus diesen Grund empfehlen Copeland et al. (2013) einen unmittelbaren Beginn der Metformintherapie parallel zur Lebensstilmodifikation. Sie stellen die These auf, dass eine reine Lebensstilveränderung die Gefahr birgt, dass der Patient in der Nachsorge verloren geht und sich somit das gesundheitliche Ergebnis verschlechtert. Als weitere Ursachen werden Depression, welche die Compliance negativ beeinflusst, sowie Gruppenzwang zu Aktivitäten die mit ungesunden Essensgewohnheiten einhergehen, genannt. Ebenso vermittelt das Nichtverschreiben von Medikamenten den Eindruck, dass keine Krankheit vorliegt. Dementsprechend wird der Lebensstilintervention nicht die Aufmerksamkeit und damit einhergehend die Compliance entgegengebracht. Im Kontrast dazu zeigen die Patienten mit Insulintherapie ein sehr hohes Maß an Compliance. Nur 10% der Kinder und Jugendlichen erreichten alleinig durch eine Lebensstilmodifikation die Blutglukoseziele und damit einen Rückgang der Insulinresistenz (Copeland et al., 2013).

Die TODAY Study Group (2012) fand in ihrer TODAY-Studie des US National Institute of Health, bei der 699 Kinder und Jugendliche zwischen 10-17 Jahren mit einem Typ-2-Diabetes untersucht wurden, dass nach 6 Monaten 52% der Probanden, die einer Monotherapie mit Metformin unterzogen wurden, das Therapieziel eines HbA1c <8% nicht erreichten. Ebenso erreichten 47% der Kinder und Jugendlichen, die einer Kombinationsbehandlung durch eine Lebensstilintervention und Metformingabe unterzogen wurden, das Therapieziel nicht. Als Grund dafür gibt die TODAY Study Group (2012) eine geringe Therapieadhärenz an. So wurden in der gesamten Studie die Medikamente nur von 60% der Probanden regelmäßig eingenommen und viele lehnten die Lebensstilveränderung ab. Das Kollektiv bestand in dieser Studie zu 80% aus Minderheiten wie den Hispanoamerikanern und den Eingeborenen, wie den Indianern, bei denen die Prävalenz deutlich höher ist. 42% der untersuchten Gruppe kamen aus Familien mit niedrigem Einkommen (TODAY Study Group, 2012).

6   Diskussion

Bei der Entstehung des Typ-2-Diabetes handelt es sich in der Zusammenschau um eine multifaktorielle Genese. Insbesondere die Zunahme von sitzenden Freizeitaktivitäten bei Kindern und Jugendlichen, wie zum Beispiel das Fernsehen und Computerspielen, begünstigt die Entstehung einer Adipositas mit der Zunahme von viszeralem Fett. Somit kommt es dann in der Folge zu einer Zunahme der Insulinresistenz und zu einer Hyperglykämie (Iannotti & Wang, 2013). Entsprechend den Studien von Pinhas-Hamiel et al. (2007) und Reinehr (2005) kommt der Entstehung des Typ-2 Diabetes in der Pubertät eine besondere Bedeutung zu, da in dieser Phase - wahrscheinlich bedingt durch die vermehrte Ausschüttung von Wachstumsfaktoren - eine erhöhte Insulinresistenz resultiert. Allein die Kombination dieser beiden Risikofaktoren führt zu einem Circulus vitiosus, bei dem sich die Insulinresistenz und Hyperglykämie bei pubertierenden Jugendlichen potenziert. Auch genetische Faktoren scheinen für die Entstehung verantwortlich

zu sein. Insbesondere Kinder, bei denen die Eltern schon einen Typ-2-Diabetes aufweisen, haben nachweislich ein erhöhtes Risiko ebenfalls an einem Typ-2-Diabetes zu erkranken (Meigs et al., 2000). Auf molekularer Ebene konnten bisher viele Gene, die mit
einem Typ-2-Diabetes assoziiert sind, gefunden werden, allerdings ist der Vererbungs-
mechanismus zum aktuellen Zeitpunkt noch unbekannt (Prasad & Groop, 2015). Jedoch
muss dabei hinterfragt werden, ob die familiären Ess- und Lebensgewohnheiten der
Eltern dabei von den Kindern adaptiert wurden und dadurch der Typ-2-Diabetes erst
entstanden ist (Mazarello Paes et al., 2015). So beschreibt Wabitsch (2004), dass die
wesentlichen Risikofaktoren insbesondere in der ethnischen, soziokulturellen und familiären Situation zu suchen sind. Auffallend bei der Literaturrecherche war, dass insbesondere Minderheiten und sozial schwache Schichten ein deutlich höheres Risiko besitzen, an einem Typ-2-Diabetes zu erkranken (Liese et al., 2006; Pavkov et al., 2007).
Dies lässt sich sicher zum Teil darauf zurückführen, dass energiedichtere und dadurch
größtenteils ungesunde Nahrungsmittel günstiger sind als gesunde Lebensmittel mit
geringerer Dichte. Da insbesondere der Preis bei sozial benachteiligten Schichten das
Einkaufsverhalten beeinflusst, könnte dies ein Grund für eine erhöhte Prävalenz des
Typ-2-Diabetes in dieser Personengruppe darstellen (Drewnowski & Specter, 2004).
Einen weiteren Hinweis gibt die Studie von Delahanty et al. (2013). Diese zeigt, dass
das Essverhalten von Kindern und Jugendlichen mit Typ-2-Diabetes einen zu niedrigen
Konsum von Obst und Gemüse und einen deutlich zu hohen Konsum von gesättigten
Fettsäuren aufweist. Schlussendlich wird auch die Zunahme des Konsums gesüßter Le-
bensmittel und insbesondere von Softgetränken für die Gewichtszunahme und die Zu-
nahme des Typ-2-Diabetes verantwortlich gemacht. Besonders in Schulen sind diese
Getränke häufig in Automaten zu finden und erhöhen dadurch den Konsum dieser durch
Kinder und Jugendliche (Mazarello Paes et al., 2015).

In dieser Bachelorarbeit konnte der positive Effekt einer gesunden und ausgewogenen
Ernährung auf einen Typ-2-Diabetes durch Reduktion von kurzkettigen Kohlenhydraten
und vermehrter Aufnahme von weniger stärkehaltigem Gemüse durch mehrere Studien
belegt werden (Cook et al., 2014; McCormack et al., 2014; Riccardi, Rivellese &
Giacco, 2008). Auch scheint Magnesium einen protektiven Effekt in Bezug auf die Insulinresistenz zu haben (López-Alarcón et al., 2014). Ebenso konnte gezeigt werden,
dass sportliche Aktivitäten zum einen das Körpergewicht senken und zum anderen eine
bestehende Insulinresistenz verbessern kann (Fedewa, Gist, Evans & Dishman, 2014;
McCormack et al., 2014). Jedoch wird in der aktuellen Leitlinie „Diagnostik, Therapie
und Verlaufskontrolle des Diabetes mellitus im Kindes- und Jugendalter" erwähnt, dass

eine alleinige Lebensstilmodifikation durch Sport und Ernährungsumstellung langfristig als „schwierig" eingeschätzt wird (Haak & Kellerer, 2010). Entsprechendes fand auch die TODAY Study Group (2012) und Copeland et al. (2013) heraus und empfahlen einen unmittelbaren Therapiebeginn mit oralen Antidiabetika, vornehmlich Metformin, im Zusammenhang mit einer Lebensstilintervention. Jedoch zeigte die Studie von Copeland et al. (2013) auch, dass der Erfolg einer Metformintherapie anhängig ist von der Compliance bei der Einnahme von Medikamenten, so dass anzunehmen ist, dass unabhängig von der Wahl der initialen Therapie (medikamentös oder Lebensstilintervention), bei einem milden Typ-2-Diabetes die Therapieadhärenz eine große Rolle spielt. Dabei zeigten Savoye et al. (2014), dass der Erfolg einer Lebensstilintervention direkt abhängig ist von der Intensität der Betreuung. Gegensätzliches fanden jedoch Aziz, Absetz, Oldroyd, Pronk und Oldenburg (2015) in ihrer Studie bei Erwachsenen heraus. Sie zeigten, dass durch eine intensivere Betreuung zwar eine effektivere Gewichtsreduktion erreicht wird, ein positiver Effekt auf eine bestehende Insulinresistenz jedoch ebenso durch eine weniger intensive Betreuung erzielt werden kann, solang diese über einen langen Zeitraum erfolgt (Aziz, Absetz, Oldroyd, Pronk & Oldenburg, 2015)

Da die Studien zur Art der Lebensstilintervention nicht standardisiert sind und zum Teil auch keine Angaben dazu gemacht werden, welche Interventionen in welchem Umfang getätigt wurden, ist ein Vergleich schwer möglich. Hinzu kommt, dass es zum aktuellen Zeitpunkt wenige Studien zu Präventionsprogrammen des Typ-2-Diabetes im Kindes- und Jugendalter gibt und es schwierig ist, die Ergebnisse aus der Therapie des Typ-2-Diabetes bei Erwachsenen auf diese Altersgruppe zu übertragen. Insbesondere der Einfluss von primären und sekundären Erziehungsmaßnahmen machen die Therapie des Typ-2-Diabetes im Kindes- und Jugendalter komplexer (Mazarello Paes et al., 2015). Allerdings ergeben sich dadurch auch weitreichendere Möglichkeiten, Einfluss auf die Therapie des Typ-2-Diabetes zu nehmen. So empfehlen einige Autoren bei übergewichtigen Kindern und Jugendlichen ein Screening auf eine Insulinresistenz durchzuführen (Reinehr, 2005; Van Buren & Tibbs, 2014). Da Kinder einen großen Teil ihrer Zeit in Schulen verbringen, bieten diese eine gute Basis um eine Prävention des Typ-2-Diabetes zu forcieren. So zeigten Kinder mit einer Adipositas während der Ferien eine Zunahme des BMIs und während der Schulzeit wieder einen Rückgang (Baranowski et al., 2014). Da die Kinder und Jugendliche während der Schulzeit aus ihrer gewohnten häuslichen Umgebung herausgenommen werden, bietet sich die Möglichkeit auf das Essens- und Sportverhalten Einfluss zu nehmen. So kann zum Beispiel schon allein durch das Angebot von kostenfreiem Wasser und entsprechender Promotion in den

Schulen der Konsum von gesüßten Getränken bei Kindern nachweislich reduziert werden, wobei sich dies auch auf den heimischen Konsum auswirkt (van de Gaar et al., 2014). Ganztagsschulen mit eigener Kantine könnten dabei in Zukunft eine große Rolle spielen. Allerdings gibt es aktuell einen Mangel an entsprechenden standardisierten Studien, die ein Screening in Schulen mit einem Präventionsprogramm kombinieren. Da das Auftreten von Komorbiditäten direkt abhängig ist von der Zeit der bestehenden Hyperglykämie, ist es insbesondere auch von einem sozioökonomischen Standpunkt aus wichtig, entsprechend frühe und effektive Präventionsprogramme zu entwickeln.

7 Zusammenfassung

Der Typ-2-Diabetes wird synonym als sogenannter Altersdiabetes bezeichnet, da er vermehrt im Alter auftritt. Allerdings wird in den letzten Jahrzehnten eine Zunahme des Typ-2-Diabetes auch bei Kindern und Jugendlichen beobachtet. Das wird unter anderem in Zusammenhang mit Bewegungsmangel und vermehrter Adipositas im Jugendalter gebracht. Diese Bachelorarbeit beschäftigt sich mit der Ätiologie und Pathogenese des Typ-2-Diabetes in diesen Altersklassen, aktuellen Therapien und welchen Einfluss insbesondere Ernährung und Sport als primäre Lebensstilintervention in diesem Bezug haben. In der Zusammenschau der Ergebnisse zeigt sich, dass die Therapieadhärenz eine große Rolle bei der Therapie des Typ-2-Diabetes spielt, unabhängig davon ob ein konservativer, medikamentöser oder kombinierter Ansatz bei der Initialtherapie gewählt wird. Dabei ist die Einbindung primärer und insbesondere auch sekundärer Erziehungsinstanzen wie z.B. Schulen ein wichtiger Schritt zur Entwicklung einer effizienten Therapie und Prophylaxe des Typ-2-Diabetes. Da sich Komorbiditäten bei bestehender Hyperglykämie über einen langen Zeitraum entwickeln und eine Erkrankung an einem Typ-2-Diabetes im Kindes- und Jugendalter ein früheres Einsetzen dieser bedingen, liegt aus sozioökonomischer Sicht bei steigender Prävalenz der Erkrankung in dieser Altersgruppe in Zukunft ein besonderer Fokus auf dem frühzeitigen Erkennen und Einbinden dieser Kinder in entsprechende Programme. Im Rahmen der Arbeit wurde hervorgehoben, dass sich die Erfahrungen aus der Therapie des Typ-2-Diabetes bei Erwachsenen nicht direkt auf die Therapie bei Kindern übertragen lassen. Ebenso zeigte sich, dass es wenig vergleichbare Studien zu Präventionsprogrammen bei Kindern im Sinne einer Lebensstilveränderung gibt. Es besteht daher ein großer Bedarf für entsprechende Studien.

8 Literaturverzeichnis

Aguiree, F., Brown, A., Cho, N. H., Dahlquist, G., Dodd, S., Dunning, T. et al. (2013). *IDF diabetes atlas* (6. edition). Basel: International Diabetes Federation Zugriff am 11.01.2016. Verfügbar unter http://www.idf.org/sites/default/files/EN_6E_Atlas_Full_0.pdf

American Diabetes Association. (2000). Type 2 diabetes in children and adolescents. *Pediatrics, 105*(3), 671-680.

Arslanian, S. A. (2000). Type 2 diabetes mellitus in children: pathophysiology and risk factors. *Journal of Pediatric endocrinology and Metabolism, 13*(Supplement), 1385-1394.

Aziz, Z., Absetz, P., Oldroyd, J., Pronk, N. P. & Oldenburg, B. (2015). A systematic review of real-world diabetes prevention programs: learnings from the last 15 years. *Implementation Science, 10*(1), 172.

Baenkler, H.-W., Goldschmidt, H., Hahn, J.-M., Hinterseer, M., Knez, A., Lafrenz, M. et al. (2010). *Kurzlehrbuch Innere Medizin* (2., aktualisierte Aufl.). Stuttgart: Thieme

Baranowski, T., O'Connor, T., Johnston, C., Hughes, S., Moreno, J., Chen, T. A. et al. (2014). School year versus summer differences in child weight gain: a narrative review. *Childhood Obesity, 10*(1), 18–24.

Biesalski, H., Grimm, P. & Nowitzki-Grimm, S. (2015). *Taschenatlas Ernährung* (6. überarbeitete Aufl.). Stuttgart: Thieme

Böhler, T., Wabitsch, M. & Winkler, U. (2004). *Konsensuspapier Patientenschulungsprogramme für Kinder und Jugendliche mit Adipositas.* Zugriff am 24.04.2016. Verfügbar unter http://www.aga.adipositas-gesellschaft.de/fileadmin/PDF/daten/Konsensuspapier_Patientenschulung.pdf

Chen, L., Magliano, D. J. & Zimmet, P. Z. (2012). The worldwide epidemiology of type 2 diabetes mellitus- present and future perspectives. *Nature Reviews. Endocrinology, 8*(4), 228–36.

Cook, L. T., O'Reilly, G. A., Goran, M. I., Weigensberg, M. J., Spruijt-Metz, D. & Davis, J. N. (2014). Vegetable consumption is linked to decreased visceral and liver fat and improved insulin resistance in overweight Latino youth. *Journal of the Academy of Nutrition and Dietetics, 114*(11), 1776–83.

Copeland, K. C., Silverstein, J., Moore, K. R., Prazar, G. E., Raymer, T., Shiffman, R. N. et al. (2013). Management of newly diagnosed type 2 diabetes mellitus (T2DM) in children and adolescents. *Pediatrics, 131*, 364–82.

Dabelea, D., Bell, R. A., D'Agostino, R. B., Imperatore, G., Johansen, J. M., Linder, B. et al. (2007). Incidence of diabetes in youth in the United States. *The Journal of American Medical Association, 297*(24), 2716–2724.

Daniels, M. C. & Popkin, B. M. (2010). Impact of water intake on energy intake and weight status: a systematic review. *Nutrition Reviews, 68*(9), 505–521.

de Ruyter, J. C., Olthof, M. R., Seidell, J. C. & Katan, M. B. (2012). A Trial of Sugar-free or Sugar-Sweetened Beverages and Body Weight in Children. *New England Journal of Medicine, 367*(15), 1397–1406.

Delahanty, L., Kriska, A., Edelstein, S., Amodei, N., Chadwick, J., Copeland, K. et al. (2013). Self-reported dietary intake of youth with recent onset of type 2 diabetes: results from the TODAY study. *Journal of the Academy of Nutrition and Dietetics, 113*(3), 431–439.

Deutsches Zentrum für Diabetesforschung. (2016). *Typ-2-Diabetes*. Zugriff am 16.03.2016. Verfügbar unter https://www.dzd-ev.de/?id=14721

Drewnowski, A. & Specter, S. E. (2004). Poverty and obesity: the role of energy density and energy costs. *The American journal of clinical nutrition, 79*(1), 6-16.

Estrada, E., Eneli, I., Hampl, S., Mietus-Snyder, M., Mirza, N., Rhodes, E. et al. (2014). Children's Hospital Association consensus statements for comorbidities of childhood obesity. *Childhood Obesity, 10*(4), 304–317.

Fazeli Farsani, S., van der Aa, M. P., van der Vorst, M. M. J., Knibbe, C. A. J. & de Boer, A. (2013). Global trends in the incidence and prevalence of type 2 diabetes in children and adolescents: a systematic review and evaluation of methodological approaches. *Diabetologia, 56*(7), 1471–1488.

Fedewa, M. V, Gist, N. H., Evans, E. M. & Dishman, R. K. (2014). Exercise and insulin resistance in youth: a meta-analysis. *Pediatrics, 133*(1), e163–e174.

Feltbower, R. G., McKinney, P. A., Campbell, F. M., Stephenson, C. R. & Bodansky, H. J. (2003). Type 2 and other forms of diabetes in 0-30 year olds: a hospital based study in Leeds, UK. *Archives of Disease in Childhood, 88*(8), 676–679.

Fernandes, R. A. & Zanesco, A. (2015). Early sport practice is related to lower prevalence of cardiovascular and metabolic outcomes in adults independently of overweight and current physical activity. *Medicina, 51*(6), 336–342.

Gregg, E. W., Cheng, Y. J., Narayan, K. M. V., Thompson, T. J. & Williamson, D. F. (2007). The relative contributions of different levels of overweight and obesity to the increased prevalence of diabetes in the United States: 1976-2004. *Preventive Medicine, 45*(5), 348–352.

Gruber, C. & Gruber, S. (2010). *Pädiatrie. Basics* (2. Aufl.). München: Urban & Fischer.

Haak, T. & Kellerer, M. (Hrsg.). (2010). *Diagnostik, Therapie und Verlaufskontrolle des Diabetes mellitus im Kindes- und Jugendalter.* (1. Aufl.). Zugriff am 16.04.16. Verfügbar unter http://www.deutsche-diabetes-gesellschaft.de/fileadmin/Redakteur/Leitlinien/Evidenzbasierte_Leitlinien/EBL_Kindesalter_2010.pdf

Herold, G. (Hrsg.). (2013). *Innere Medizin.* Köln: Hrsg.

Hsia, Y., Neubert, A. C., Rani, F., Viner, R. M., Hindmarsh, P. C. & Wong, I. C. K. (2009). An increase in the prevalence of type 1 and 2 diabetes in children and adolescents: results from prescription data from a UK general practice database. *British Journal of Clinical Pharmacology, 67*(2), 242–249.

Hu, F. B. & Malik, V. S. (2010). Sugar-sweetened beverages and risk of obesity and type 2 diabetes: epidemiologic evidence. *Physiology & Behavior, 100*(1), 47–54.

Iannotti, R. J. & Wang, J. (2013). Patterns of physical activity, sedentary behavior, and diet in U.S. adolescents. *The Journal of Adolescent Health : Official Publication of the Society for Adolescent Medicine, 53*(2), 280–286.

Joost, H.-G. (2010). Diabetes mellitus Typ 2. In H. Biesalski, S. C. Bischoff & C. Puchstein (Hrsg.), *Ernährungsmedizin. Nach dem neuen Curriculum Ernährungsmedizin der Bundesärztekammer* (4., vollständig überarbeitete u. erweiterte Aufl.) (S. 512-520). Stuttgart: Thieme

Kids Schulungsprogramm für übergewichtige Kinder und Jugendliche. (2002). *Programmaufbau.* Zugriff am 20.04.2016. Verfügbar unter http://www.kids-ernaehrung.de/index.php?id=31

Kim, S. Y., Lee, HE. Y. & Hwang, J. S. (2013). Clinical characteristics and laboratory findings of children and adolescents who were newly diagnosed with diabetes mellitus. *International Journal of Pediatric Endocrinology, 2013*(Suppl 1), P16.

Königshoff, M. & Brandenburger, T. (2004). *Kurzlehrbuch Biochemie.* Stuttgart: Thieme

Kriketos, A. D., Greenfield, J. R., Peake, P. W., Furler, S. M., Denyer, G. S., Charlesworth, J. A. et al. (2004). Inflammation, insulin resistance, and adiposity: a study of first-degree relatives of type 2 diabetic subjects. *Diabetes Care, 27*(8), 2033–2040.

Kurth, B. & Rosario, A. (2007). Die verbreitung von übergewicht und adipositas bei kindern und jugendlichen in Deutschland. *Bundesgesundheitsblatt-Gesundheitsforschung-Gesundheitsschutz, 50*(5-6), 736-743.

Liese, A. D., D'Agostino, R. B., Hamman, R. F., Kilgo, P. D., Lawrence, J. M., Liu, L. L. et al. (2006). The burden of diabetes mellitus among US youth: prevalence estimates from the SEARCH for Diabetes in Youth Study. *Pediatrics, 118*(4), 1510–1518.

López-Alarcón, M., Perichart-Perera, O., Flores-Huerta, S., Inda-Icaza, P., Rodríguez-Cruz, M., Armenta-Álvarez, A. et al. (2014). Excessive refined carbohydrates and scarce micronutrients intakes increase inflammatory mediators and insulin resistance in prepubertal and pubertal obese children independently of obesity. *Mediators of Inflammation, 2014*, 849031.

Lowry R., Lee, S. M., Fulton, J. E., Demissie, Z. & Kann L. (2013). Obesity and other correlates of physical activity and sedentary behaviors among US high school students. *Journal of obesity, 2013*, 276318.

Mazarello Paes, V., Hesketh, K., O'Malley, C., Moore, H., Summerbell, C., Griffin, S. et al. (2015). Determinants of sugar-sweetened beverage consumption in young children: A systematic review. *Obesity Reviews, 16*(11), 903–913.

McCormack, S. E., McCarthy, M. A., Harrington, S. G., Farilla, L., Hrovat, M. I., Systrom, D. M. et al. (2014). Effects of exercise and lifestyle modification on fitness, insulin resistance, skeletal muscle oxidative phosphorylation and intramyocellular lipid content in obese children and adolescents. *Pediatric Obesity, 9*(4), 281–291.

Medici, F., Hawa, M., Ianari, A., Pyke, D. A. & Leslie, R. D. (1999). Concordance rate for type II diabetes mellitus in monozygotic twins: actuarial analysis. *Diabetologia, 42*(2), 146–150.

Meigs, J. B., Cupples, L. A. & Wilson, P. W. (2000). Parental transmission of type 2 diabetes: the Framingham Offspring Study. *Diabetes, 49*(12), 2201–2207.

Nagareddy, P. R., Kraakman, M., Masters, S. L., Stirzaker, R. A., Gorman, D. J., Grant, R. W. et al. (2014). Adipose tissue macrophages promote myelopoiesis and monocytosis in obesity. *Cell Metabolism, 19*(5), 821–835.

Neu, A., Feldhahn, L., Ehehalt, S., Hub, R. & Ranke, M. (2005). Prevalence of type 2 diabetes and MODY in children and adolescents. A state-wide study in Baden-Wuerttemberg (Germany). *Pediatric Diabetes, 6*, 27-28.

Ng, M., Fleming, T., Robinson, M., Thomson, B., Graetz, N., Margono, C. et al. (2014). Global, regional, and national prevalence of overweight and obesity in children and adults during 1980-2013: a systematic analysis for the Global Burden of Disease Study 2013. The *Lancet*, *384*(9945), 766–781.

Pavkov, M. E., Hanson, R. L., Knowler, W. C., Bennett, P. H., Krakoff, J. & Nelson, R. G. (2007). Changing patterns of type 2 diabetes incidence among Pima Indians. *Diabetes Care*, *30*(7), 1758-1763.

Pinhas-Hamiel, O., Lerner-Geva, L., Copperman, N. M. & Jacobson, M. S. (2007). Lipid and insulin levels in obese children: changes with age and puberty. *Obesity*, *15*(11), 2825–2831.

Prasad, R. & Groop, L. (2015). Genetics of Type 2 Diabetes—Pitfalls and Possibilities. *Genes*, *6*(1), 87–123.

Reinehr, T. (2005). Clinical presentation of type 2 diabetes mellitus in children and adolescents. *International Journal of Obesity*, *29*, S105–S110.

Riccardi, G., Rivellese, A. A. & Giacco, R. (2008). Role of glycemic Index and Glycemic Load in the Healthy State, in Prediabetes, and in Diabetes. *The American Journal of Clinical Nutrition*, *87*(3), 269S-274S.

Rosenbauer, J., Icks, A., Prel, J. du & Giani, G. (2003). Populationsbasierte Daten zur Inzidenz des Typ-2-Diabetes mellitus bei Kindern und Jugendlichen in Deutschland. *Monatsschrift Kinderheilkunde*, 71.

Rost, R. (2005). *Sport-und Bewegungstherapie bei Inneren Krankheiten: Lehrbuch für Sportlehrer, Übungsleiter, Physiotherapeuten und Sportmediziner* (3., überarbeitete und erweiterte Aufl.). Köln: Deutscher Ärzteverlag

Savoye, M., Caprio, S., Dziura, J., Camp, A., Germain, G., Summers, C. et al. (2014). Reversal of early abnormalities in glucose metabolism in obese youth: results of an intensive lifestyle randomized controlled trial. *Diabetes Care*, *37*(2), 317–324.

Scobie N. (2007). *Atlas of Diabetes Mellitus* (3. Aufl.). London: CRC

Seshasai, S. R. K., Kaptoge, S., Thompson, A., Di Angelantonio, E., Gao, P., Sarwar, N. et al. (2011). Diabetes mellitus, fasting glucose, and risk of cause-specific death. *The New England Journal of Medicine*, *364*(9), 829–841.

Song, Y., Ridker, P. M., Manson, J. E., Cook, N. R., Buring, J. E. & Liu, S. (2005). Magnesium intake, C-reactive protein, and the prevalence of metabolic syndrome in middle-aged and older U.S. women. *Diabetes Care*, *28*(6), 1438–1444.

Taksali, S. E., Caprio, S., Dziura, J., Dufour, S., Calí, A. M. G., Goodman, T. R. et al. (2008). High visceral and low abdominal subcutaneous fat stores in the obese adolescent: a determinant of an adverse metabolic phenotype. *Diabetes, 57*(2), 367–371.

Tamayo, T., Rosenbauer, J., Wild, S. H., Spijkerman, A. M. W., Baan, C., Forouhi, N. G. et al. (2014). Diabetes in Europe: an update. *Diabetes Research and Clinical Practice, 103*(2), 206–217.

TODAY Study Group. (2012). A clinical trial to maintain glycemic control in youth with type 2 diabetes. *The New England journal of medicine, 366*(24), 2247.

Van Buren, D. J. & Tibbs, T. L. (2014). Lifestyle interventions to reduce diabetes and cardiovascular disease risk among children. *Current Diabetes Reports, 14*(12), 557.

van de Gaar, V. M., Jansen, W., van Grieken, A., Borsboom, G. J. J. M., Kremers, S. & Raat, H. (2014). Effects of an intervention aimed at reducing the intake of sugar-sweetened beverages in primary school children: a controlled trial. *The International Journal of Behavioral Nutrition and Physical Activity, 11*, 98.

Velásquez-Rodríguez, C.-M., Velásquez-Villa, M., Gómez-Ocampo, L. & Bermúdez-Cardona, J. (2014). Abdominal obesity and low physical activity are associated with insulin resistance in overweight adolescents: a cross-sectional study. *BMC Pediatrics, 14*(1), 258.

Voigt, K. (2003). Endokrines System. In R. Klinke & S. Silbernagel (Hrsg.), *Lehrbuch der Physiologie* (4., korrigierte Aufl.) (S. 443-492). Stuttgart: Thieme

Wabitsch, M. (2004). [Obese children and adolescents in Germany. A call for action]. *Bundesgesundheitsblatt, Gesundheitsforschung, Gesundheitsschutz, 47*(3), 251–255.

Weiss, R., Dziura, J., Burgert, T. S., Tamborlane, W. V, Taksali, S. E., Yeckel, C. W. et al. (2004). Obesity and the metabolic syndrome in children and adolescents. *The New England Journal of Medicine, 350*(23), 2362–2374.

Wilmot, E. G., Edwardson, C. L., Achana, F. A., Davies, M. J., Gorely, T., Gray, L. J. et al. (2012). Sedentary time in adults and the association with diabetes, cardiovascular disease and death: systematic review and meta-analysis. *Diabetologia, 55*(11), 2895–2905.

World Health Organization. (2000). Obesity: preventing and managing the global epidemic. *WHO Technical Report*, 894.

World Health Organisation. (2016a). *Growth reference 5-19 years - Interpretation of cut-offs.* Zugriff am 10.04.2016. Verfügbar unter http://www.who.int/growthref/who2007_bmi_for_age/en/

World Health Organisation. (2016b). *Growth reference 5-19 years.* Zugriff am 10.04.2016. Verfügbar unter http://www.who.int/growthref/cht_bmifa_boys_perc_5_19years.pdf?ua=1

World Health Organisation. (2016c). *Growth reference 5-19 years.* Zugriff am 10.04.2016. Verfügbar unter http://www.who.int/growthref/cht_bmifa_girls_perc_5_19years.pdf?ua=1

Zandian, M., Bergh, C., Ioakimidis, I., Esfandiari, M., Shield, J., Lightman, S. et al. (2015). Control of Body Weight by Eating Behavior in Children. *Frontiers in Pediatrics, 3,* 89.

9 Abbildungs-, Tabellen-, Abkürzungsverzeichnis

9.1 Abbildungsverzeichnis

9.2 Tabellenverzeichnis

9.3 Abkürzungsverzeichnis

ADA   American Diabetes Association

BB   Bright Bodies

BMI   Body Mass Index

CRP   C-reaktives Protein

DDG   Deutsche Diabetes Gesellschaft

GI   Glykämischer Index

IDF   International Diabetes Federation

LADA   Latent autoimmune diabetes in adults

OGTT   Oraler Glukose-Toleranz-Test

T2DM   Typ 2 Diabetes Mellitus

TODAY   Members of the Treatment Options for Type 2
Diabetes in Adolescents and Youth

WHO   World Health Organisation

BEI GRIN MACHT SICH IHR WISSEN BEZAHLT

- Wir veröffentlichen Ihre Hausarbeit,
  Bachelor- und Masterarbeit

- Ihr eigenes eBook und Buch -
  weltweit in allen wichtigen Shops

- Verdienen Sie an jedem Verkauf

Jetzt bei www.GRIN.com hochladen
und kostenlos publizieren